晨讀10分鐘

［小學生・低年級］

# 不可思議！

## 科學故事集 2

監修——大山光晴
作者——COSMOPIA
渡邊利江
入澤宣幸
甲斐望
譯者——詹慕如

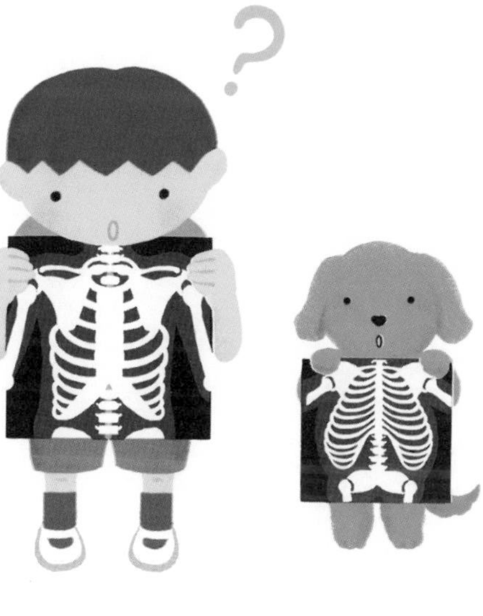

# 目次

## 身體的故事


人為什麼有眉毛？……10
指甲為什麼會變長？……14
大便為什麼是咖啡色的？……17
為什麼被蚊子叮會癢？……21
為什麼會打嗝？……24
感冒時流的「鼻涕」是什麼？……28
為什麼吃甜食會蛀牙？……31
為什麼曬太陽皮膚會變黑？……34
科學小實驗 身體不可思議的神奇「力」量……38

## 生物的故事


貓為什麼要舔自己的毛？……44
小狗的鼻子為什麼是溼的？……47
樹懶真的很懶嗎？……50
恐龍是從蛋裡生出來的嗎？……55
企鵝為什麼可以在那麼冷的地方生活？……60
變色龍為什麼會變色？……64
金魚不能放在自來水裡嗎？……68
章魚或墨魚為什麼會噴墨汁？……71
科學大驚奇 確實存在過的驚奇巨鳥……74

## 昆蟲和植物的故事


螢火蟲的屁股為什麼會發亮？……80
「螞蟻地獄」的底部是什麼？……84
昆蟲是怎麼呼吸的？……87
有吃蟲子的植物嗎？……90
葉子為什麼是綠色的？……95
花為什麼會開？……98
植物也會呼吸嗎？……101
科學大驚奇 奇妙的蔬菜殘渣栽培……104

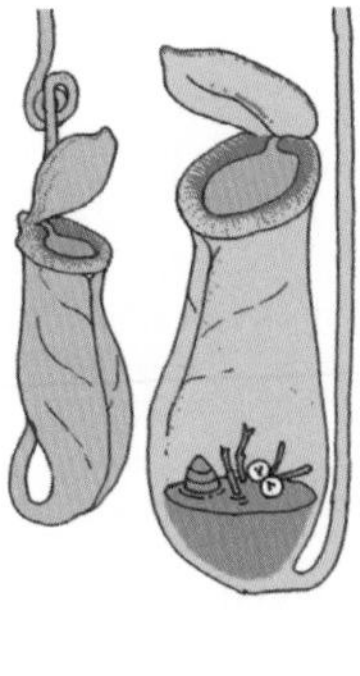

## 生活中的故事

牛奶為什麼會變成優酪乳？……110
口香糖是什麼做成的？……114
為什麼鐵做的船會浮在水上？……117
為什麼肥皂洗會變得乾淨？……120
為什麼冬天脫衣服會有嗶啪的聲音？……124
光的速度有多快？……127
X光片為什麼可以拍到骨頭？……131
科學小傳記 獲得兩次諾貝爾獎的居禮夫人……134

地球和宇宙的故事

雲是怎麼形成的？……146
為什麼會打雷？……149
什麼是酸雨？……153
火山為什麼會爆發？……157
為什麼會有地震？……161
在太空為什麼要穿太空裝？……165
真的有外星人嗎？……170
科學小傳記 祈願世界和平的化學家諾貝爾……174

給家長的話　開創自己和地球未來的「生活力」◆大山光晴……184

企劃緣起　成長與學習必備的元氣晨讀◆何琦瑜……186

專家推薦　晨讀十分鐘，改變孩子的一生◆洪蘭……190

# 身體的故事

# 人為什麼有眉毛？

眉毛的形狀和粗細因人而異。有些大人會修整或是描繪眉毛的形狀。

據說眉毛左右兩邊加起來大約有一千三百根。跟身體其他地方的毛髮一樣，會慢慢長長，但是每三、四個月就會掉落重新生長，所以眉毛永遠都是短的。

不過，人到底為什麼會有眉毛呢？

運動完以後我們的額頭會流很多汗，這些汗水很容易跑到我們的眼睛裡。

可是，因為有了眉毛，汗水會沿著眉毛，流到眼睛的兩邊滴落。眉毛幫我們阻止汗水滴進眼睛裡。

當太陽光非常刺眼的時候，我們很自然的就會把臉皺起來，兩邊的眉毛皺在一起後，就會更加突出。眉毛就像是眼睛上方的小小遮陽棚，可以遮擋日光，保護眼睛不受強烈陽光照射。

因此，眉毛具有防止汗水和陽光傷害眼睛的重要功效。

3
2－2
佐藤

# 指甲為什麼會留長？

指甲就是變硬的皮膚。硬硬的指甲有著重要的任務，必須保護我們柔軟的指尖。

我們能夠抓東西、彈鋼琴，都是因為有指甲，指尖才會有力量。

指甲變老，出現刮痕、斷裂，就無法保護指尖。所以指甲每天都會慢慢變長一點點。

指甲生長的速度大約是十天一公厘、一個月約三公厘。

新指甲每天會從指甲根部長出來，緩緩朝指尖的方向往上推。

指甲就是這樣漸漸的留長。

如果放著不管，讓指甲不斷生長，留得過長就會容易斷裂、剝落。而且指甲裡也容易塞髒東西。

所以我們偶爾要剪剪指甲，記得不要讓你的指甲過長了。

# 大便為什麼是咖啡色的？

我們吃下肚的東西，從嘴巴進入，一直到屁股的出口為止，以小孩子來說大約會經過七公尺的路程，然後變成大便。

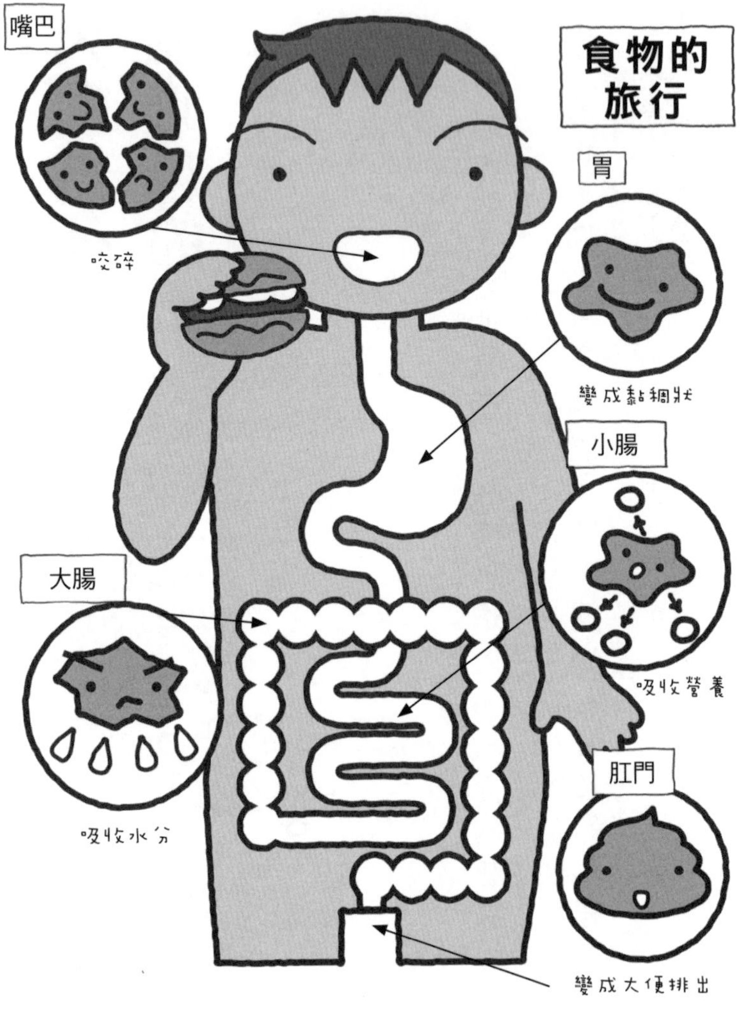
食物的
旅行
嘴巴
咬碎
胃
變成黏稠狀
小腸
吸收營養
大腸
吸收水分
肛門
變成大便排出

讓我們來看看食物變成大便的過程。

食物在口中咬過後變小，然後經過喉嚨，到達肚子裡的「胃」這個袋子裡。

食物在這裡被消化成黏稠的狀態，再送到「小腸」。小腸會吸收食物的營養。

最後在「大腸」吸收水分，剩下的食物殘渣就變成大便，從「肛門」排到身體外面。

那麼，為什麼大便會是咖啡色的呢？

小腸為了容易吸收營養，會分泌一種叫「膽汁」的液體，混在食物中。

膽汁原本是黃色的，但是在小腸裡顏色改變，變成咖啡色。大便的顏色就是來自這種膽汁。

大便的顏色如果是咖啡色，就表示人很健康。顏色要是跟平常不一樣，就需要特別小心了。

# 為什麼被蚊子叮會癢？

大家是不是曾經在打蚊子之後，發現自己的手沾了血呢？這是因為蚊子吸了我們的血。

蚊子嘴巴像針一樣非常尖銳，蚊子會利用這樣的嘴巴刺向人類或動物的皮膚來吸血。因為針很細，所以不太會感到痛。

那為什麼被蚊子叮了之後會覺得癢呢？

血流到身體外面接觸空氣之後，

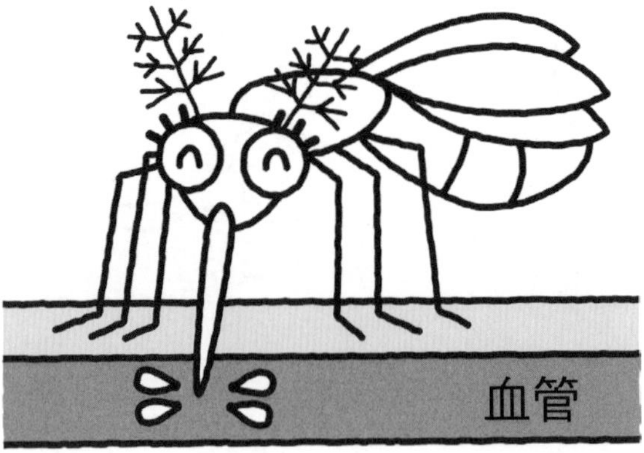

就會凝固。於是蚊子會從刺上皮膚的針，注入讓血不容易凝固的液體。

這些液體進入皮膚裡，就會逐漸變癢、變紅腫。

不過蚊子其實並不是靠吸血維生的喔。蚊子的食物是花蜜，或者草木上的甜汁液。

事實上，會吸人類血液的只有母蚊子。母蚊子吸血是為了要補充營養，為生養蟲卵做準備。

# 為什麼會打嗝？

東西吃得太快或者受到驚嚇時，有時候會突然開始打嗝打個不停。

打嗝很難過，所以總希望能快點停下來，可是有時候很不容易停下來，真是個頭痛的問題。

接下來，我們來看看人為什麼會打嗝。

在肚臍上方一點，有一塊叫做「橫膈膜」的肌肉，把身體的上半部區分為胸部和腹部。

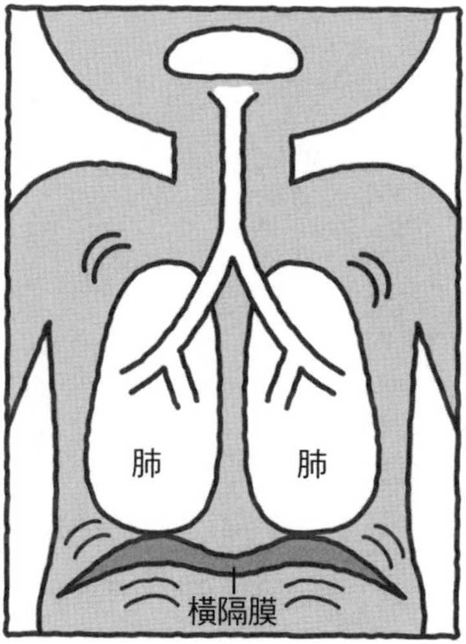

平常我們的身體會靠著橫膈膜的下降或上升，讓胸部的「肺」膨脹或者縮小。

我們就是這樣把空氣吸進或呼出。

橫膈膜如果因為某種原因，突然的擴張或者收縮，就會出現打嗝的現象。

這時候突然被吸入的空

氣，會通過位於喉嚨深處的聲帶這個地方，發出「嗝」的聲音。只要經過一段時間之後，打嗝就會自然的停止。

想要快一點停下打嗝時，可以先吸飽一口氣，暫時停住，或者請人幫忙拍拍背，也可以喝冰水試試看。

# 感冒時流的「鼻涕」是什麼？

感冒的時候會流很多鼻涕，真是難過。

鼻涕到底是從哪裡來的呢？

鼻子後面有個被稱為「鼻腔」的小空間。這個空間被黏稠的液體包覆，總是保持著溼潤。

跟空氣一起吸入的灰塵，或者是讓人生病的細菌或病毒，就會被黏在這些黏答答的液體上，排出體外。

感冒的時候會出現比平常更多黏稠的液體。造成感冒的「病毒」的「屍體」，

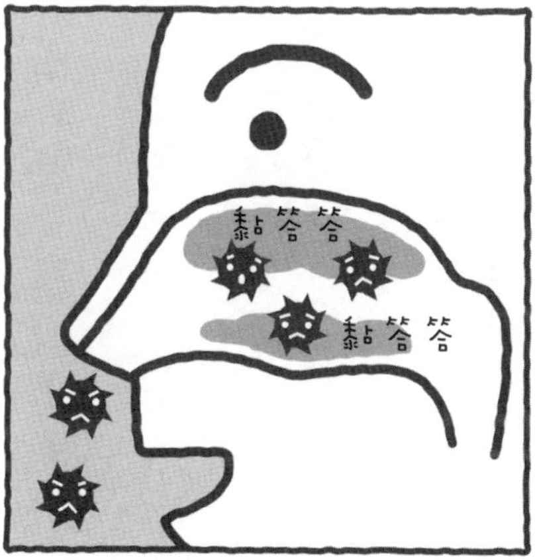

就會附著在黏稠液體上，排到鼻子外面。這就是我們看到的「鼻涕」。

不過，我們哭的時候也會流鼻涕呢。

其實眼睛和鼻子之間是相通的。流很多眼淚時，眼淚就會透過連接眼睛和鼻子的管子，從鼻子跑出來。

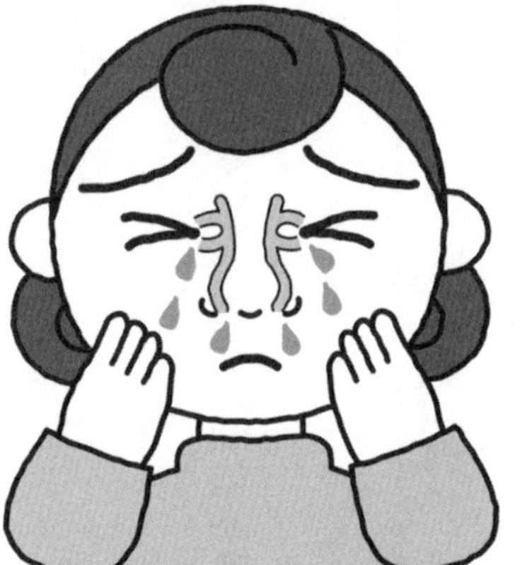

# 為什麼吃甜食會蛀牙？

蛀牙以後的牙齒上會有洞，有時候還會不斷的抽痛，真是難受呢。

蛀牙是因為嘴巴裡有「口腔鏈球菌」這種眼睛看不見的小細菌，侵蝕牙齒所造成的疾病。

口腔鏈球菌的糧食就是我們吃進嘴裡的食物殘渣。尤其是砂糖等甜食，是它最愛吃的東西。

如果牙齒上沾了甜的東西，

那個地方就會有細菌生長，侵蝕牙齒。

所以如果不想蛀牙，一定要確實刷牙，把食物的殘渣清除得乾乾淨淨。

牙齒具有咀嚼食物這個相當重要的功能。

如果蛀牙了，馬上就要去看牙醫，保護我們寶貴的牙齒。

# 為什麼曬太陽皮膚會變黑？

夏天的陽光非常強烈，在游泳池裡連續游泳好幾天，或者持續在戶外運動一陣子，日曬後的皮膚就會

逐漸變黑。

皮膚會變黑，是因為皮膚裡有「黑色素」這種深咖啡色的顆粒所造成的。

那黑色素是怎麼出現的呢。

太陽的光線裡，存在著「紫外線」這種光，對身體有害處。

黑色素具備阻擋這種紫外線的功效，就好像是戴上太陽眼鏡一樣。

接受強烈的日光照射後，「皮膚」中的「色素細胞」就會製造出許多黑色素，避免紫外線照射到身體內部。

因此，長久待在太陽光線下，就會製造出許多「黑色素」，皮膚也會變得愈來愈黑。

科學小實驗

# 身體不可思議的 神奇「力」量

從現在開始，我們將會獲得三種不可思議的神奇力量。

一、只用一根手指頭，就能讓別人無法站立。

不管是小朋友或大人都可以，先請對方坐在椅子上。用手指頭輕輕的按住這個人的額頭，咦！神奇的事情發生了……這個人竟然站不起來。

這種神奇力量的祕密就在於「重心」。

因為重心就在我們頭的正下方。

所以當我們坐著的時候，重心是在屁股；站起來的時候，重心則在腳上。

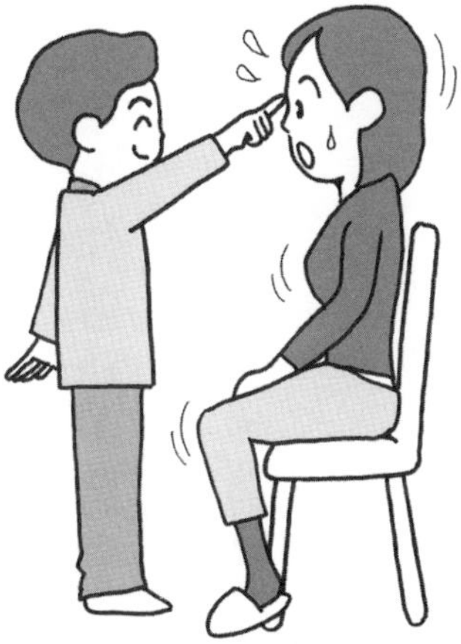

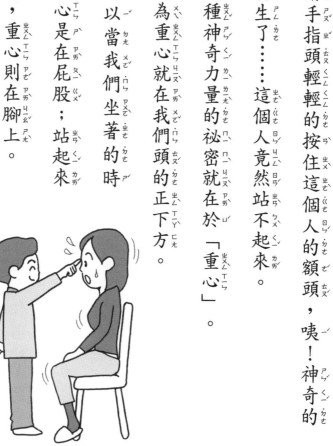

當人要站起來的時候，身體必須先往前屈，將重心轉移到腳上。但是，如果你的手指頭抵住對方的額頭，他的身體就無法往前屈了。

二、換你坐在椅子上，把一隻手放在頭後方，再請別人幫你把這隻手拉離開頭部。結果會如何呢？

即使你沒有特別用力，手也

不會輕易的被拉開。這也是有原因的。因為重心在頭的正下方，所以要把你的手拉開，跟要把你的身體舉高，幾乎是一樣困難。

三、最後是完全不需要用到手或者指頭，可以說是一種「超能力」吧！

請一個人讓身體的左側緊貼牆壁站著。

接著像唸咒語一樣說出：「右腳動不了！」

沒想到，右腳真的無法動彈了。

這個現象的祕密一樣在重心。

當我們抬起一隻腳時，身體會傾向另一邊來保持平衡。但是如果緊貼著牆壁，就無法傾向另一邊。

人類靠著移動重心，才可以站立、走路、跑步。

你也來試試這不可思議的力量吧。

# 生物的故事

# 貓為什麼要舔自己的毛？

我們經常可以看到，貓很仔細舔著自己的肚子和腳掌，或者用前腳摩擦臉。

貓像這樣整理自己的毛，一天中有好幾次，其實

牠們這麼做是有原因的。

主要是為了吃完食物後的清潔。把沾在鬍鬚或毛上的髒汙去除，將毛流整理平順。

只要毛流平順，有任何東西稍微接觸到身體，貓就可以馬上察覺。所以即使走路東張西望，也不會撞到其他東西。

此外，也可以藉由舔舐，把附著在身體上的塵蟎和蟲子清除掉。

在天冷或天熱的時候，舔毛可以調整身體的溫度。冷的時候舔毛，可以讓毛變得蓬鬆，將溫暖的空氣藏在裡面。

除此之外，也有人認為當貓想要讓自己冷靜下來的時候，也會舔身體。

# 小狗的鼻子為什麼是溼的？

小狗跟人一樣，靠鼻子來聞味道。不過人的鼻子是乾的，為什麼小狗的鼻子是溼的呢？

其實人的鼻子深處也是溼溼的。味道的顆粒附著

在這上面，我們才能夠感覺到味道。而小狗的這個部分露出在外面，所以牠們也能清楚知道，味道的顆粒流過的方向。

據說小狗辨認味道的能力，竟然是人類的百萬倍。牠們就是靠著鼻子，來辨認位於遠方的食物味道，或者小狗同伴留下的味道。

有些狗能分辨味道來追捕犯人，我們稱為「警犬」；還有發生災害時，能從崩塌建築物裡找出被壓在瓦礫下方人類的「救難犬」。狗兒憑著靈敏的鼻子，在人類社會中扮演著重要的角色。

# 樹懶真的很懶嗎？

樹懶是一種居住在中南美洲叢林裡的動物，幾乎一整天所有時間都吊掛在高聳樹木的樹枝上，悠閒的

睡覺和生活。

所以大家才替牠取了「樹懶」這個名字。

那麼就讓我們來觀察這看似懶惰蟲的樹懶生活吧。

到了晚上，樹懶會摘樹上的葉子或者果實來吃。吃東西的時候跟睡覺時一樣，牠們會用前腳

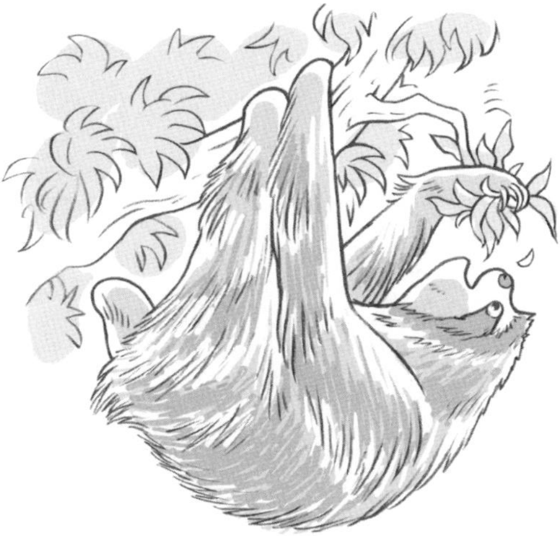

上像耙子一樣的長指甲勾住樹枝，倒掛在樹上。

樹懶移動的時候也是慢吞吞的。

這樣可以慢慢的消化吃下肚子裡的樹葉。

而且，牠身體上的肌肉只有一般動物的一半，所以無法像其他動物一樣活潑的到處走動。

樹懶不需要使用太多能量，是很省能源的身體。

因為樹懶不太常活動，所以身上的毛有時候會長出青苔。

可是也因為這樣，讓牠們的身體接近綠色，待在叢林中時，不容易被豹或鷲等天敵發現，可以確保安全。

不過樹懶為了排便，一星期大概會從樹上下來一次。

牠會先用尾巴在樹木根部挖出淺淺的洞，等到排便完了之後，再用枯葉把糞便蓋住。這正好會變成樹木的肥料，可以幫助樹木成長。

樹懶藉由緩慢的步調幫助自己生活，看起來並不像牠的名字那麼懶惰喔。

# 恐龍是從蛋裡生出來的嗎？

到目前為止，生活在陸地上的動物中，恐龍是體型最大的一種。

大小因種類而有所不同，最大的恐龍從頭到尾巴的長度有四十多公尺，重量應該有一百多公噸。即使是這麼大的恐龍，還是跟魚和鳥一樣，是從蛋孵出來的。

恐龍是活在大約二億五千萬年前到六千五百萬年前的動物。現在已經滅絕，再也看不到了。

那麼，我們如何知道恐龍是從蛋裡生出來的呢？

因為，恐龍蛋的化石被發現了！所謂的「化石」，是指從前生物的骨頭或者足跡、蛋等，它們都變成了石頭。

恐龍蛋化石在美國、中國、法國、南美洲……世界上很多地方都曾經發現過。

恐龍蛋有許多不同形狀，有像球一樣圓的，也有些像是細長形的膠囊。

如果從恐龍體型大小來推測恐龍蛋的大小，可能會有一公尺左右吧。但其實真正發現的恐龍蛋，較大的也不過像排球或者橄欖球的大小，並不算太大。

另外還發現了慈母龍這種恐龍的巢化石，裡面有整齊排列的蛋。

由此可以知道，慈母龍會照顧從蛋裡孵出來的小恐龍。

# 企鵝為什麼可以在那麼冷的地方生活？

阿德利企鵝和皇帝企鵝都居住在南極大陸和附近的島上。

南極大陸一整年都被冰覆蓋著，冬天氣溫會降到零下二十度左右。住在這裡的動物，除了企鵝之外，只剩下海豹之類的動物。

為什麼企鵝可以生活在這麼寒冷的地方？讓我們來看看其中的奧祕。

大家用過羽毛被嗎？被子裡塞滿了羽毛，蓬鬆柔軟，即使在冬天特別冷的日子蓋起來還是很暖和。

企鵝的身上就長滿了這種既短又柔軟的羽毛。

被體溫加熱的空氣，就存在於這些輕柔羽毛的空隙之間，所以外面的冷空氣就進不來了。這就是企鵝可以保持身體溫暖的原因。

這層柔軟的羽毛外面，還覆蓋著一層較硬的翅膀，避免冰冷的水跑進來。因此，企鵝可以在南極冰

冷的海水中正常的游泳。

企鵝肥短的身材也藏有祕密。企鵝的皮膚下面，有一層肥厚的脂肪。這些脂肪可以避免身體的體溫流失，所以可以永遠保持體溫在三十八度左右。

如果風吹得特別強勁，或者在下雪的日子裡，企鵝們就會成群聚集，大家把身體緊緊靠在一起，保護自己不受風寒。

# 變色龍為什麼會變色？

變色龍是一種像日本忍者般的生物。因為可以變換身體的顏色，所以能夠避開敵人的眼睛，隱藏自己的蹤跡。

比方說，當牠們位於陽光明亮的樹上時，身體會變成黃綠色，如果在地面的陰影部分，就會變成偏黑的顏色。

如果保持身體靜止不動，就不會被鳥類敵人發現，而且還能迅速伸出牠長長的舌頭，抓住沒注意到牠們而接近的昆蟲。

那變色龍的身體為什麼會變色呢？

其實這跟人類身體曬黑的痕跡很類似。

變色龍皮膚裡，有很多帶有顏色的「色素細胞」，當皮膚被不同強度和顏色的光線照射到，其形狀和大小有改變時，身體的顏色也跟著改變。

還有變色龍一旦生氣或者興奮時，身上的顏色也會改變。

不過變色龍並不能任意變成自己喜歡的顏色喔。

請找出六隻變色龍。

# 金魚不能放在自來水裡嗎？

把夜市買來的金魚或是池塘裡抓到的螯蝦放進乾淨的自來水裡，才過了幾天就全死掉了，大家是不是也有過這樣的經驗？

其實自來水裡有放「氯」，這是一種可以殺死細菌的藥劑。有時候在游泳池邊，也會聞到很嗆鼻的臭味，而這些味道來源就是氯。

自來水裡的氯對金魚和螯蝦等水中生物，是很危險的物質。

金魚和螯蝦是用「鰓」將水中的「氧氣」吸收進身體裡。而氯會

傷害鰓這重要的器官。鰓受傷太嚴重時，魚就無法呼吸，最後導致死亡。

自來水的氯在太陽光下曝曬一天就會消失，變成讓金魚和螯蝦都能放心的水。

# 章魚或墨魚為什麼會噴墨汁？

大家都知道，章魚和墨魚這種生物，會吐出漆黑墨汁。吐出墨汁是為了躲避大型魚類等敵人。

章魚和墨魚在身體裡「墨囊」這個袋狀部位製造

墨汁，先存起來，遇見敵人時，才從「漏斗」這個噴出口，一口氣噴出來。噴出墨汁以後，又是怎樣逃走的呢？

章魚墨汁不怎麼黏稠，所以墨汁在水中就像黑色的煙霧一樣，迅速擴散，讓敵人看不清楚。就好像是拋出「煙霧彈」，然後趁機逃跑

的忍者一樣。

墨魚的墨汁黏稠度比較高，在水裡會形成一片黑色塊狀。敵人看到後會不知不覺被吸引，墨魚就可以趁機逃走。這就像是忍者的「聲東擊西」法。

所以章魚和墨魚雖然都會噴墨汁，可是躲避敵人的方法，其實不一樣喔。

科學大驚奇

確實存在過的
# 驚奇巨鳥

大家有沒有聽過「天方夜譚」的《辛巴達歷險記》這個故事呢？

故事中說到，辛巴達抓住

一種巨大鳥類「大鵬鳥」的腳，飛到空中，然後被大鵬鳥帶到鑽石谷裡去。

這種巨大的大鵬鳥，雖然是故事中創造出來的鳥，但也有人說，現實生活中真的有一種巨大的鳥類，是作者編故事時的參考對象。

那就是住在非洲島國馬達加斯加的「隆鳥」。

可是隆鳥跟大鵬鳥不一樣，牠並不會飛。

這種鳥身高竟然有三公尺、體重有四百五十公斤。鴕鳥的身高有兩公尺、體重超過一百三十公斤，是現在最大的鳥，但還是比不上隆鳥。

說到大型鳥類，在紐西蘭這個島國也有很巨大的鳥。那就是恐鳥這種鳥，這也是一種不會飛的鳥。

尤其是「巨型恐鳥」，比隆鳥身高還要高，有將近四公尺，幾乎跟二樓的陽台一樣高。

隆鳥和恐鳥現在都已經消失不見了。這很可能是人類所造成的。人類砍伐了鳥類居住的森林，變成自

己需要的農田或房屋。有時候也會捕捉鳥類作為自己的食物。

但是隆鳥和恐鳥都是不會飛的鳥，所以住的地方消失、被趕走之後，牠們也無法逃到其他島上去。這兩種鳥在幾百年前就已經滅絕，現在連一隻都看不到了。

# 昆蟲和植物的故事

# 螢火蟲的屁股為什麼會發亮？

初夏的夜晚，大家是不是曾經在河邊或者田邊看到螢火蟲在飛舞。微微的光點閃閃爍爍，看起來真的

很神祕。

螢火蟲發亮的地方很接近屁股。螢火蟲身上又沒有安裝電燈泡，牠們是怎麼發亮的呢？

其實，螢火蟲可以在身體裡製造出「螢光素」這種成分，牠們就是利用這種螢光素來發光的。

那麼螢火蟲為什麼要發光呢？

螢火蟲利用發光，讓同伴知道自己的位置。

同時，公的螢火蟲也藉著發光，來傳送出自己想要結婚的訊號。

公的螢火蟲和母螢火蟲就會因此結婚，然後母螢火蟲把蟲卵產在水邊的青苔上。

螢火蟲卵還小的時候，就已經會發光了。幼蟲和化蛹的時候雖然會發光，不過還是長大之後的螢火蟲光線最強。

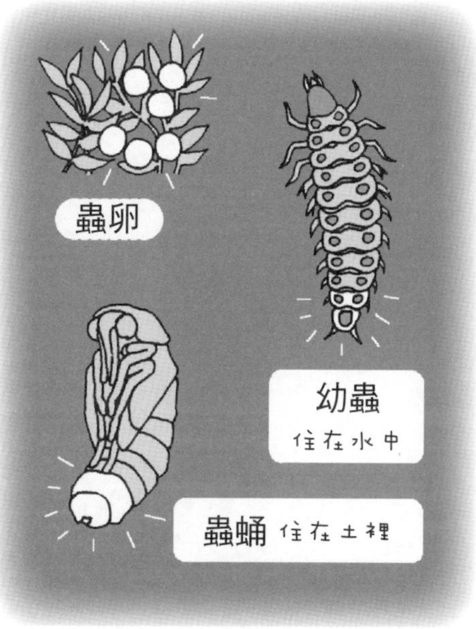

# 「螞蟻地獄」的底部是什麼？

在房子、寺廟屋簷下，大樹下，或是很久沒下雨時，土壤疏鬆乾燥的地面上，有時候會看到一些像研

磨缽、漏斗般的洞。

螞蟻一旦掉進去，就再也出不來。對螞蟻來說，這裡就好像地獄，所以這種洞被稱為「螞蟻地獄」。

螞蟻地獄並不是自然產生的東西。

那究竟是誰製作出來的呢？

螞蟻地獄是由長得很像蜻蜓的「蟻蛉」幼蟲所製造的。（這種

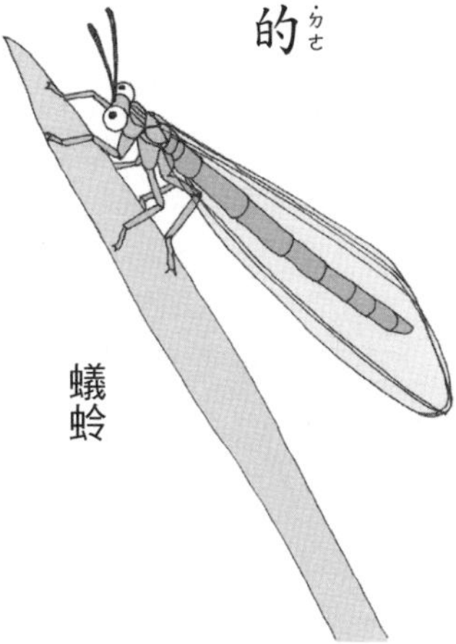

蟻蛉

幼蟲的名字叫做「蟻獅」。）

蟻獅躲在洞旁邊，等到螞蟻等獵物掉進洞裡，牠們就會迅速跑上前去，用自己大大的下巴夾住，把獵物拉進洞中。

接著牠們會把毒液送進獵物的體內，分解掉牠們的肌肉和內臟後再吃掉。

對螞蟻來說，這的確是個可怕的地方。

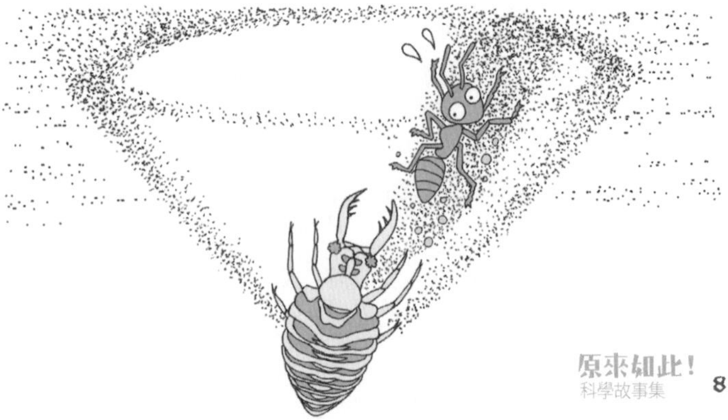

# 昆蟲是怎麼呼吸的？

仔細觀察昆蟲的肚子，會發現牠們肚子兩邊，排著很多圓形「圖案」。

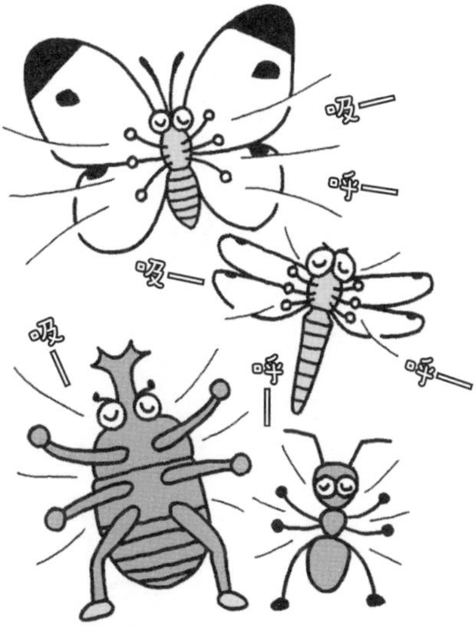

這些圓形的小孔就叫做「氣門」。

昆蟲藉由開關這些氣門，讓空氣在身體裡流進流出。

昆蟲不像我們人類，是利用嘴巴和鼻子來呼吸，而是像這樣用氣門來呼吸。

氣門這裡有稱為「氣管」的細管，延伸到身體。

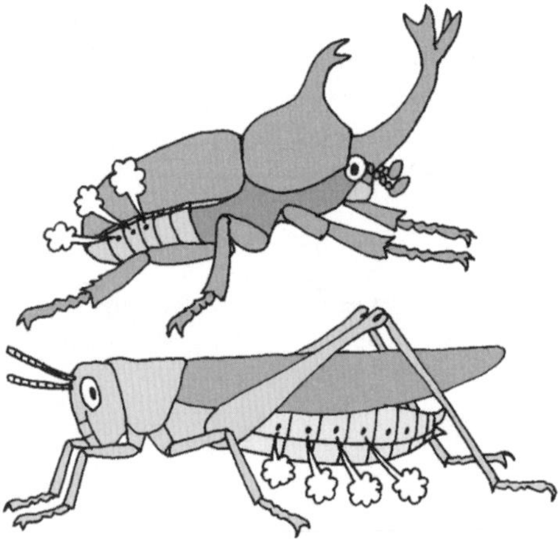

空氣就是藉由這些管子，送到身體裡的每個部位。

那麼住在水裡的昆蟲，是怎麼呼吸的呢？龍蝨偶爾會把屁股露出水面，在肚子和翅膀之間儲存空氣。紅娘華和水螳螂則會將屁股上的長管子探出水面。

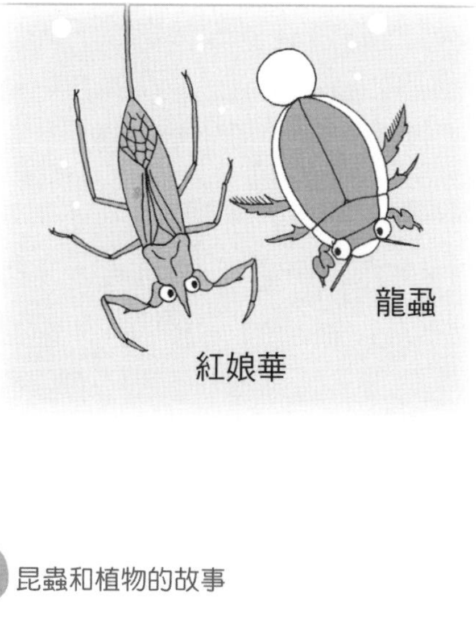

# 有吃蟲子的植物嗎？

我們經常看到蝗蟲和蝴蝶這類吃草或樹葉的蟲。

不過相反的，其實也有會吃蟲子的植物，這是不是很

令人驚訝呢？

會抓蟲子吃的植物，我們稱之為「食蟲植物」。

世界上的食蟲植物大約有五百多種，日本有二十種左右，台灣也有十多種本土的食蟲植物。

食蟲植物大都生長在氣溫較低、土壤潮溼的「溼原」這種草原或沙地、沼地等。

像這些地方的土壤養分比較少，所以植物很難生長。於是食蟲植物就會捕捉蒼蠅之類的蟲子，來獲得生存所需要的營養。

不過植物無法自由活動，那牠們是怎麼抓蟲子的呢？

食蟲植物有很多捕蟲策略。

「毛氈苔」用的方法是「黏答答戰略」。牠們在葉子表面釋

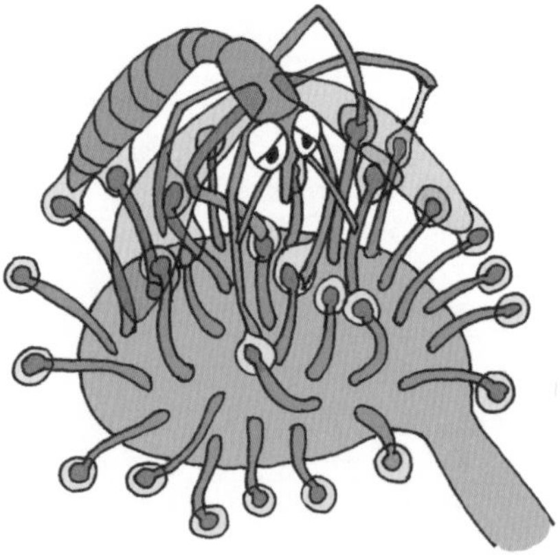

毛氈苔

放出黏稠的液體，黏住停下來的蟲子。

「豬籠草」則使用「陷阱戰略」。蟲子一旦掉進壺狀的葉子裡，就再也出不去了。

「捕蠅草」用的是「機關戰略」。蟲子進入像貝殼一樣對開

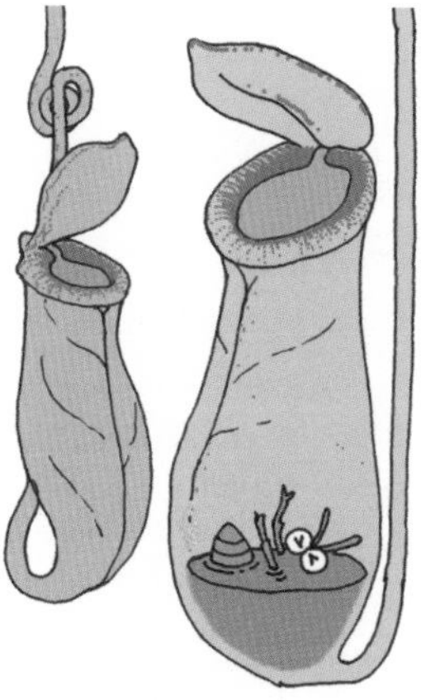
豬籠草

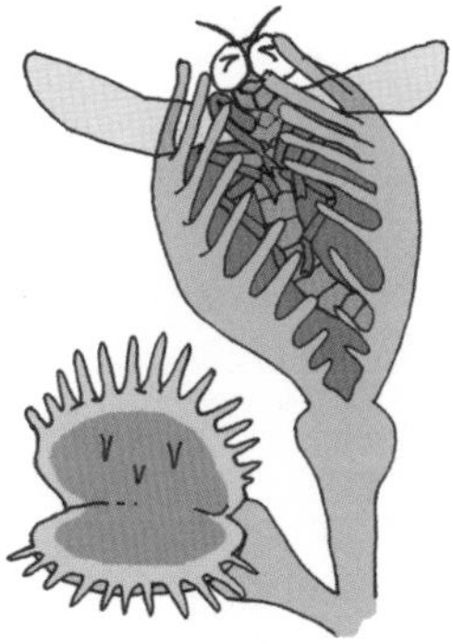
捕蠅草

的兩片葉子裡後，葉子就會瞬間合起來抓住蟲子，簡直就像捕捉獵物的動物一樣。

經由這種方法捉到的蟲，會被「消化液」溶化，食蟲植物有時候會被當作盆栽放在店裡面賣。可以去觀察看看，那到底是什麼樣的植物。

# 葉子為什麼是綠色的？

動物吃肉和草，從其他生物身上獲得「營養」來維持生命。但是植物並不會吃東西，那麼它們是如何生存的呢？

植物是靠自己的葉子來製造生存所需要的營養。

葉子就像一個製造糖和澱粉等營養的「工廠」。工廠則是靠眼睛看不見的小小「葉綠體」這種綠色顆粒來運作。

就是因為葉綠體裡面含有許多「葉綠素」，葉子

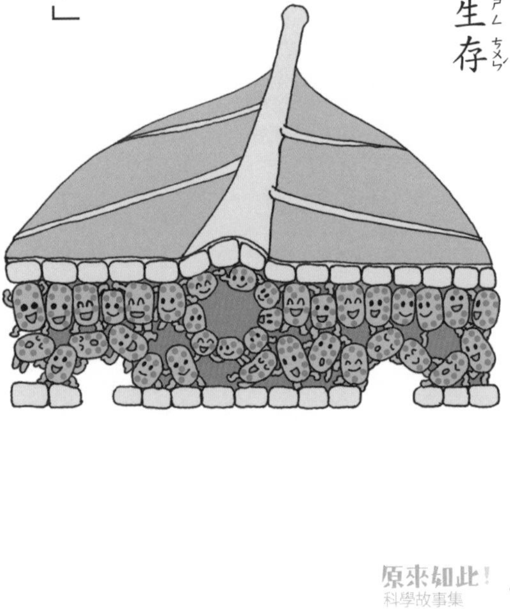

才會是綠色的。葉綠素吸收太陽光，製造出營養。這種過程就稱為「光合作用」。

植物為了多製造一些營養，會盡量努力伸展它們綠色的葉片，好多吸收一點光線。

# 花為什麼會開？

花的種類很多，比方說小小的蒲公英、紫羅蘭，以及較大的向日葵等。

花擔負著一項很重要的任務。

那就是製造「種子」，留下自己的後代子孫。要進行這項重要工作，就需要花的「雄蕊」和「雌蕊」。

雄蕊前面有花粉，這些花粉如果沾到雌蕊前端，就會結實，形成種子。

雖然植物希望其他花的雌蕊沾上自己的花粉，可是它們自己無法自由活動。

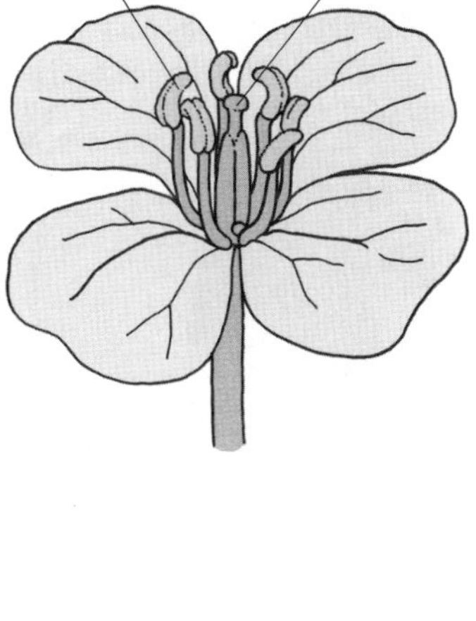

所以花才會用醒目的顏色和香氣、甜美的蜜汁來吸引蜜蜂和蝴蝶等昆蟲及鳥類，讓牠們的身體沾上花粉，進行搬運。

除此之外也有像杉樹，利用風力將許多花粉搬運到遠處的植物。

花朵其實有許多不同方法，來搬運花粉到雌蕊。

# 植物也會呼吸嗎？

人類等動物是經由嘴巴或鼻子來呼吸，將空氣中的「氧氣」吸進身體裡，再排放出「二氧化碳」。

同樣的，植物也需要呼吸。

植物利用葉子上的洞孔來呼吸，吸進「氧氣」、呼出「二氧化碳」。

這些洞孔被稱為「氣孔」。氣孔相當小，不用顯微鏡是看不見的。在葉子的背面有許多氣孔，白天打開，晚上則會關閉。

大家知道植物是利用太陽光來進行光合作用，製造營養的嗎？

光合作用的時候會從氣孔吸進二氧化碳、吐出氧氣，跟呼吸相反。

所以，如果沒有植物吐出的氧氣，動物就無法呼吸。幸好有植物，動物才能夠好好生存。

# 奇妙的蔬菜殘渣栽培

你有沒有每天吃蔬菜？新鮮的蔬菜真是好吃呢。當家人使用蔬菜來做菜時，大家不妨在旁邊觀察一下，一定有某些部分是不會用來做菜的。比方說紅蘿蔔或白蘿蔔的蒂，或者洋蔥的根部、馬鈴薯的皮。

讓我們拿這些蔬菜不需要的部分，來做個有趣的實驗吧！

首先拿一個盤子，在盤中淺淺的加一點點水，再放上蔬菜就可以了。挑選馬鈴薯上有凹陷的部分，請家人幫忙切下一片較厚的馬鈴薯皮。

放到水裡後會怎麼樣呢？快的話兩到三天，就會長出葉子，還會生根發芽。

把馬鈴薯放在日照充足的地方，之後還會長得更茁壯。

水變少了記得要再加水。

我們平常吃的紅蘿蔔，其實是根部。在這個根部儲存了

許多營養，只要提供充足的水分，莖葉就會成長。

白蘿蔔的下方也是根部，上面沒有凹陷處較平滑的部分是莖部。

白蘿蔔的根部這裡也儲存了許多營養，利用這些營養，葉子便可以逐漸成長。

圓圓的洋蔥長在土裡，整顆看起來很像是根部，其實這是屬於莖部和葉子，這裡也儲存了養分。

洋蔥的最下方就是芽眼和根部，嫩芽和根就是從這裡長出來。

馬鈴薯的芽眼或根部，是長在表皮的凹陷處。

雖然對人類來說，這些根蒂或果皮是不需要的部分，可是對蔬菜來說，卻是身體中很重要的一部分呢。

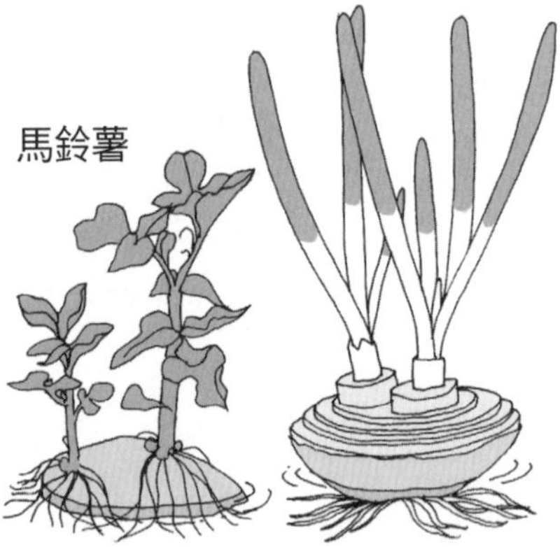

# 生活中的故事

# 牛奶為什麼會變成優酪乳？

優酪乳和牛奶看起來都是白色，其實優酪乳是從牛奶變身來的。

讓牛奶變身為好喝的優酪乳，其實有個小祕密。

那就是加入「乳酸菌」。

乳酸菌是一種小到眼睛看不見的小生物，可以將牛奶中的「乳糖」轉換為「乳酸」，讓牛奶變化為優酪乳。

牛奶的這種變身過程叫作

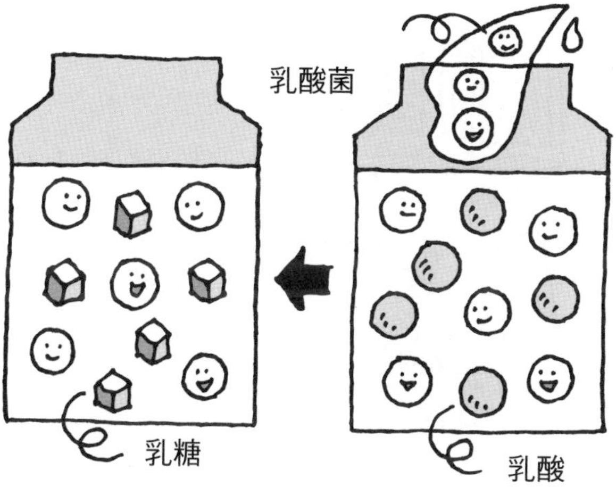

「發酵」。

牛奶發酵之後，會變成有點酸酸的、口感滑順的優酪乳。

發酵製成的食物，還有味噌、醬油、納豆、麵包、乳酪等許多種類。大人喝的啤酒和紅酒等酒類，也是發

酵製成的。

這些東西都是靠「乳酸菌」和「酵母菌」這種菌的「發酵」作用，讓食物大變身。

說到優酪乳，大家都知道，它是一種可以調整腸胃狀態，有益健康的好食物。這種功效也是來自優酪乳中的菌。

# 口香糖是什麼做成的？

市面上有很多種零食，那種咬過之後就要吐掉的口香糖，大家不覺得很不可思議嗎？

從前住在墨西哥等地的人們，將人心果這種樹的

樹汁收集起來，等到凝固以後在嘴裡咀嚼，這就是口香糖的起源。

這種塊狀物稱為「樹膠」，跟橡膠一樣很有嚼勁。雖然沒有味道，但是據說咀嚼之後可以生津解渴。

一百五十多年以前，美國開始替這種樹膠添加甜味，取名為「口香糖」。從此大受歡迎，這就是口香糖的由來。

現在口香糖的原料除了天然的樹膠，也使用人工製的材料。

最近有許多口香糖改添加木糖醇，而不添加可能造成蛀牙的砂糖。

# 為什麼鐵做的船會浮在水上？

把輕的木頭或保麗龍放進水裡，會發生什麼事？

可以看到這些東西漂呀漂的浮在水上吧。

那麼如果是鐵塊，會怎麼樣呢？

不到片刻時間，就會沉到水裡去。

那麼大船是用沉重的鐵做成的，為什麼不會沉下去呢？

祕密就在於船的形狀。

船雖然是用鐵製成，但船身裡面並不是全部用鐵製造的。船身裡面是中空的，跟碗的形狀相同。

因此，雖然船的體積很大，其實相較之下卻很

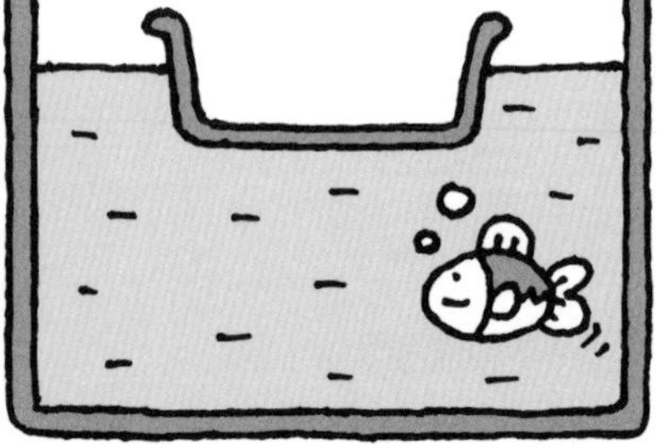

輕，可以浮在水上。

如果船身裡面浸水，船就會變重，導致沉船。

大家可以用家裡的鋁箔紙來做個實驗。

把鋁箔紙整齊的摺疊成方形，放進水中，鋁箔紙會下沉。那麼把鋁箔紙摺成船或碗的形狀會如何呢？

可以試試各種不同形狀，看看哪種形狀最容易浮在水上，一定會很有趣。

# 為什麼用肥皂洗會變乾淨？

我們洗臉或洗手的時候，都會用肥皂。使用肥皂就像變魔術一樣，可以把只用水洗卻洗不乾淨的汙

垢，洗得乾乾淨淨。

身體上的汙垢之所以很難清除，是因為裡面混雜了身體所產生的油脂。油脂跟水會互相排斥、跟水分離，所以光靠水是無法清除汙垢的。

但是不管是油脂或者水，肥皂都可以充分溶解。加入肥皂後起泡的

水，也會附著在混入油脂的汙垢上。藉此，泡沫可以帶走汙垢，讓汙垢離開我們的身體。

用水沖洗掉這些泡沫後，汙垢也會一起被沖洗掉，讓身體變乾淨。

沾在餐具或衣服上的油汙可以用肥皂洗乾淨，也是一樣的道理。

據說以前的人，把烤肉時滴下來的油跟柴火灰燼混合，製成可以去除汙垢的東西，這就是肥皂的起源。

一直到現在，肥皂的原料還是油脂。食物油炸後不要的廢油，經過回收處理，製作成肥皂，竟然可以去除油汙，真不可思議。

# 為什麼冬天脫衣服會有嗶啪的聲音？

物體和物體之間互相摩擦後會產生電。這種電我們稱之為「靜電」。

冬天脫下毛衣時，有時候會聽到嗶嗶啪啪的聲

音。這是毛衣和裡面穿的襯衫互相摩擦產生靜電所發出的聲音。

脫掉毛衣時產生的靜電，流過毛衣和襯衫之間，發出嗶啪的聲音。如果在黑暗的房間裡，有時候還可以看到一閃一閃的發光。

冬天觸摸家中門把的時候，有

時候會有觸電的感覺，這也是靜電玩的把戲。

摩擦衣服後，留在身體裡的靜電會經過手指頭，通到門把。

冬天經常會發生靜電，是因為空氣乾燥，所以靜電容易累積。

空氣潮溼時，靜電就會跑到空氣中，不會累積。

# 光的速度有多快？

大家看過放煙火嗎？煙火一瞬間發光，然後要稍微晚一點，才聽見咚咚的聲音。

發生這種奇妙的現象，是因為光比聲音前進的速度快很多。

煙火在爆炸的那一瞬間，光跟聲音是同時產生的。光只要一瞬間的時間，就可以傳達到我們的眼睛，但是聲音就需要比較久的時間才會傳過來。

那麼你猜它們傳遞的速度到底有多快呢？

聲音一秒可以前進大約三百四十公尺。

而光一秒可以前進大約三十萬公里。光一秒就可以繞地球七圈半。

現在雖然有飛得比聲音還快的噴射機，可是還沒有任何東西可以比光快。

宇宙中速度最快的東西就是光，即使這麼快，太陽光傳到地球的時間，

大約還要花八分鐘。

在夜空裡閃耀的星光，有些要經過好幾萬年才傳送到地球上。

比方說來自仙女星系的光，會花大約兩百三十萬年的時間傳送。也就是說，距今兩百三十萬年前產生的光，歷經一段很長的旅途，現在才終於傳到地球上被我們看見。

# X光片為什麼可以拍到骨頭？

大家有拍過「X光片」嗎？身體裡面的樣子竟然能夠拍成照片，真是太不可思議了。

拍X光片時會使用一種
稱之為「X光」的特殊光線。
就像一般的光會穿透玻璃
一樣，X光則會穿透皮膚和肌肉。
不過X光無法穿透骨頭。
所以才能把骨頭的影子拍成照片。
X光片除了骨頭以外，也可以拍出「肺」或者

「胃」等內臟的狀況。所以如果想知道身體看不到的部位是否生病了，就可以用X光片來調查，對人類非常有幫助。

發明X光片的人，是德國的學者威廉・倫琴。

由於發現了X光，威廉・倫琴在一九〇一年獲得了第一屆諾貝爾獎。

科學小傳記

## 獲得兩次諾貝爾獎的居禮夫人（一八六七年～一九三四年）

瑪麗亞是五個兄弟姊妹中最小的，出生在波蘭這個國家，是個很適合綁辮子的女孩子，從小就很喜歡跟姊姊們一起念書。

她家裡有很多實驗器材，因為爸爸是中學的理科老師。有圓形、三角形，有藍色、有黃色，看到這些不同種類的玻璃和瓶子，瑪麗亞就覺得好興奮。

「總有一天，我也要像爸爸一樣，從事困難的實驗研究。」

不知從什麼時候起，她開始有了這樣的想法。

不過，有一天，令人遺憾的事情發生了，瑪麗亞的爸爸被迫辭去工作。

瑪麗亞的家變得很貧窮。生病的媽媽愈來愈虛弱，終於在瑪麗亞十歲的時候過世了。

姊姊布洛尼亞很想上大學，也只好放棄。

「姊姊真可憐，有一天我會替她實現夢想！」

瑪麗亞決定，等到學校畢業之後，她要找一份家庭老師的工作，把賺來的錢寄給姊姊。

瑪麗亞以第一名的成績從學校畢業後，在遙遠的村子開始教孩子們念書。

「其實我也好想繼續升學……不過現在只好忍耐！一切都是為了姊姊！」

就這樣，過了幾個月後，有一天爸爸捎來了令人開心的消息，通知瑪

麗亞他找到新工作了。

「太好了！我又可以念書了！」

瑪麗亞回到故鄉，到表親開設的科學教室上課。

「啊！實驗真有趣！可以慢慢認識原本不知道的事情。科學真是了不起！」

於是，她在心裡發誓。

「我一定要到法國去上大學！」

在當時，幾乎沒有女人上大學。但是瑪麗亞為了實現這個夢想，存了六年的錢，每天都很努力念書。

最後她終於通過了困難的法國大學入學考試。

瑪麗亞在法國被稱為「瑪麗」。

踏上通往科學家之路的瑪麗，不

管遇到多困難的實驗都不放棄。瑪麗的努力在大學裡逐漸出名，後來甚至打動了一個男人的心。

那就是優秀的物理學家皮耶·居禮。

「瑪麗，你真是個出色的人啊！」

有一天，居禮這麼對瑪麗說。

「瑪麗，請你跟我結婚吧！」

從此以後，他們兩人同心協力，挑戰新的實驗。

他們研究一種在黑暗中也會發光的石頭。石頭裡的光來自於一種叫做「鐳」的物質，它似乎具有某種強大的力量，可是大家還不知道這種物質的真面目。

為了研究它的成分，必須從石頭裡單獨取出鐳，這是非常困

難的實驗。

他們蒐集了很多含有鐳的石頭，把它們磨碎，在鍋子裡煮融，一整天都要拿著木棒攪拌……這是一項非常需要耐性的工作。

「真是辛苦啊，不過瑪麗，再怎麼樣我們都要堅持下去！」

「好的，我不會認輸的！」

他們不斷忍耐，就這樣過了三年多，有一天……

「你看，我們萃取出鐳了！」

「太好了！這樣就能夠研究它的成分！」

後來研究發現，鐳可以用來治療癌症。

因為這項研究，兩人同時獲得了「諾貝爾獎」。

這是世界上第一次有女性獲頒諾貝爾獎。

瑪麗在進行這些研究的同時，也是兩個女孩的母親。後來很遺憾的，皮耶被馬車輾過去世，但瑪麗還是克服悲傷，獲得第二座諾貝爾獎。

「希望全世界都能獲得幸福。」瑪麗懷著這樣的心願，直到離開這個世界之前，都持續著她最愛的「學習」。

完

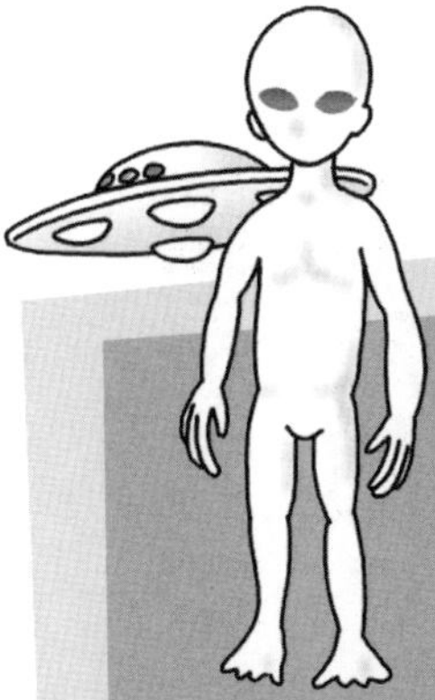

# 地球和宇宙的故事

# 雲是怎麼形成的？

雲朵輕飄飄的浮在天空中，看起來就像棉花糖。

雲是由小小的水滴和冰粒所形成的。晴天時，許多冰粒在太陽光照射之下，看起來就是白色的雲朵。

水滴和冰粒，原本都是在大海、河川、湖泊、地面的水。

水因為太陽的熱度而溫暖升高，變成我們眼睛看不見的「水蒸氣」，逐漸上升到天空中。

水蒸氣在天空中遇到冷空氣加以冷卻，變成水滴或

小小的冰粒。許多水滴和冰粒聚集起來，就成為雲。

雲裡面的水滴非常的輕，也非常的小，所以會輕飄飄的浮在天空中。但是等到水滴跟水滴聚集在一起變大了之後，就會變重，再次落到地面上。

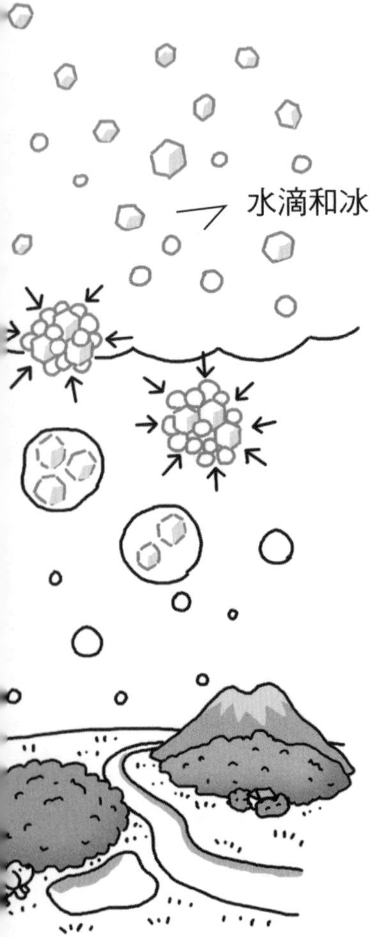

# 為什麼會打雷？

一道閃光之後，咚的一聲，響起了轟隆的雷聲。

要是雷落在附近，那可真嚇人呢。

雷的真面目，其實就是堆積在雲裡面的電。這些

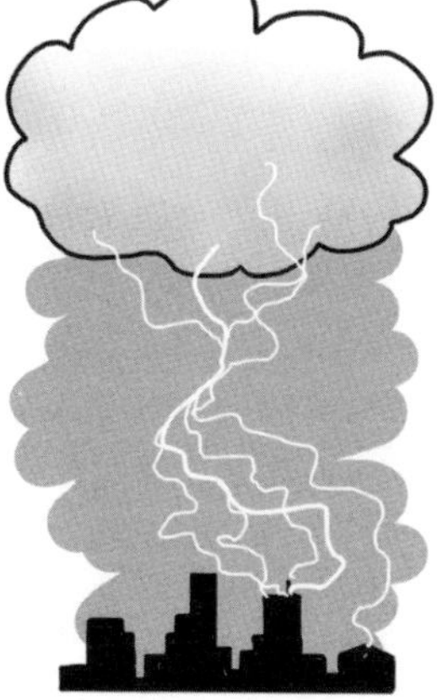

電從雲流到地面，就是我們平常說的「打雷」。

那麼雷是怎麼落到地面上的呢？產生雷的，就是在空中堆積成一堆一堆蓬鬆的「積雨雲」。積雨雲裡面有許多雲朵的成分——冰粒，這些冰粒彼此激烈的碰撞，產生了電。當雲愈來愈大，就會累積愈多的電。

等到無法繼續累積，電就會一口氣從雲落到地面，變成了雷。

這時候因為強大電力會產生激烈光線，所以我們會看到「閃電」。閃電會呈現不規則的鋸齒狀，是因為電無法在空氣中筆直前進，所以才會走出歪歪曲曲的線條。

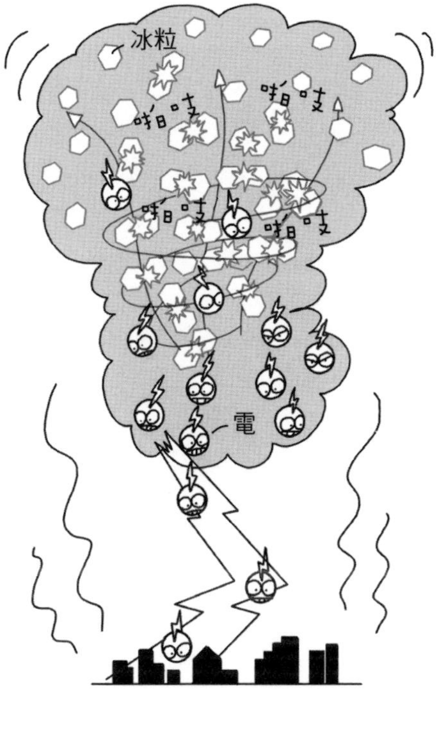

這時空氣會很劇烈的震動。就形成我們所聽到的「轟隆」聲響。

產生雷的道理，跟毛衣在冬天會發出劈哩啪啦聲音的原理是一樣的。其實雷也一樣是一種靜電。

相反的，毛衣上的劈哩啪啦聲，也可以視為一種小型的雷呢。

# 什麼是酸雨？

大家有聽過「酸雨」這種雨嗎？

酸雨表面上跟一般的雨沒什麼兩樣，但其實是一種很令人頭痛的雨呢。

酸雨裡面含有會溶化金屬、水泥以及大理石的物質。所以酸雨可能會破壞放在戶外的雕刻或者從前留下來的偉大建築物。

如果你看到天橋的水泥被溶化，變成類似冰柱的狀態，兇手其實就是酸雨。

對生物來說，酸雨也帶來不好的影響。酸雨可能會使得樹木枯萎、森林消失，魚類再也無法安心居住在河川和湖泊裡。

為什麼天上會降下這麼可怕的酸雨呢？

因為車輛和工廠所排放的骯髒廢氣，上升到空中，跟雨水的水滴混在一起成為酸雨，再降下到地面。

要避免下酸雨，就必須設法讓排放的廢氣以及煙霧變乾淨。最近已經開始有人製造行駛時不會排放廢氣的電動汽車了。

# 火山為什麼會爆發？

當我們在電視上看到火山爆發，流出鮮紅色的熔岩、濃厚的黑煙往天空冒著，就會感受到大自然的驚人力量。

## 為什麼火山會爆發呢？

在地球的地面下很深很深的地方，有熔化掉的黏稠岩石，稱為「岩漿」。這些岩漿會一點一點的往上升，在接近地面的地方堆積起來。

當堆積起來的岩漿衝破地球表面，就是我們看到的火山爆發。

發生火山爆發時，會從山頂同時冒出煙霧以及石頭、火山灰，鮮紅的岩漿成為「熔岩」流下來。熔化成黏稠狀的熔岩非常燙，溫度高達一千度。

所以如果發現火山可能會爆發，住在附近的人就要趕緊逃到安全的地方，不然就會有危險。

日本最高的「富士山」也是火山。

富士山最近雖然沒有爆發，但是從以前到現在曾經爆發過好幾次。當時噴出的熔岩和火山灰堆積起來，成為現在我們所看到既高又漂亮的富士山。

# 為什麼會有地震？

地震了，突然一陣劇烈的搖晃。

如果告訴大家，會發生地震，是因為地面永遠不斷的稍微移動，大家相信嗎？

讓我們先來看看地球的結構。圓圓的地球外層，被十幾片很大很大像板子一樣的岩石包了起來。這些像板子一樣的岩石稱為「板塊」。板塊覆蓋在「地函」上，地函是地球裡面永遠不斷緩慢移動的岩石，一年只會移動二到二十公分左右。

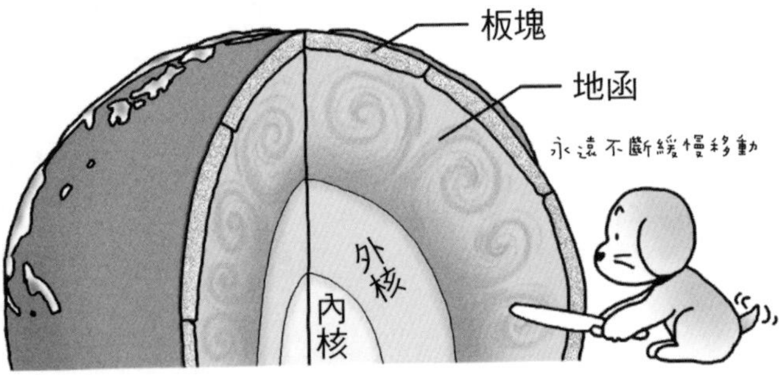

地震就是這些板塊在很深的地底下互相撞擊而產生的。撞擊後稍微彎曲的板塊，會像彈簧一樣想要恢復原本的形狀，所以就發生大地震。

另外，還有在較淺層的地底下產生了地面偏移（活斷層）所造成的地震，以及火山爆發引起的地震。

日本是地震很多的國家。因為日本周圍被板塊包圍著，距離板塊互相撞擊的地方很近的緣故。（編註：菲律賓海板塊六百萬年以來，不斷擠壓歐亞大陸板塊，台灣島才會誕生，造陸運動至今還在進行，引發台灣旺盛的地震活動。）

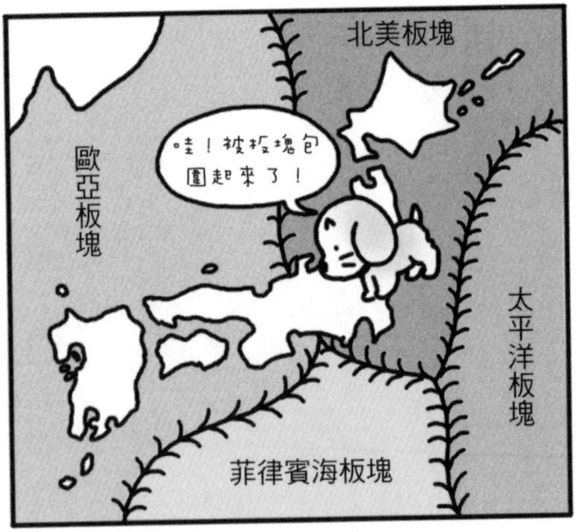

# 在太空為什麼要穿太空裝？

太空人離開太空船或太空站後，就飄浮在外面的宇宙空間中，輕飄飄的活動著。戴著大大的安全帽，身穿笨重的太空裝，看起來似乎不太方便活動。

為什麼太空人要穿成這個樣子呢？

因為太空跟我們生活的地球，是完全不同的。

這兩個地方有什麼不一樣呢？

首先，太空裡沒有空氣，幾乎是真空的狀態。人在真空狀態下不能呼吸，身體裡的水分會沸騰，人就會死亡。

太空裡的溫度變化也很劇烈，從負一百五十度到正一百二十度左右，溫度會忽升忽降。除此之外，太陽所發出的危險宇宙射線，也相當的強烈。

在這麼嚴酷的條件下，安全的太空裝就可以保護

真空

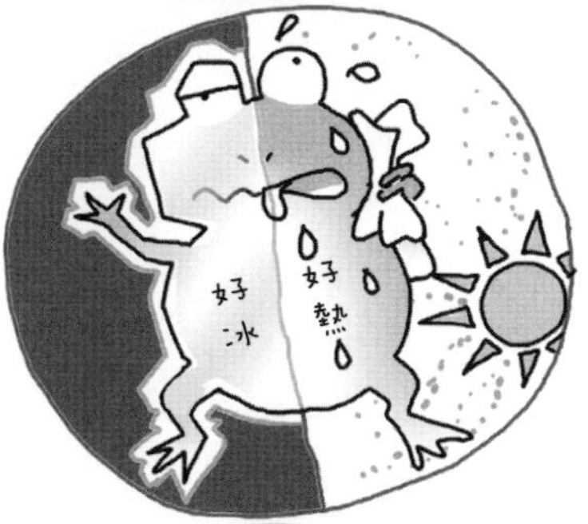


溫度變化

宇宙射線

人類的身體。

太空裝是重疊了好幾片特殊的布料所製成的，可以保護身體不受酷寒炎熱的傷害，在裡面的空氣也不會跑掉。

太空裝還在身體外圍繞了一圈一圈的水管，利用流過水管裡的水來冷卻身體。

另外，還有呼吸專用的裝置、收集尿液的裝置、跟外界說話的通訊器等各種裝置。

為了可以在太空中長時間活動，科學家在太空裝上下了許多功夫。

因此太空裝的重量已經超過了一百公斤。在地球上是很難走動的，不過在太空中不會感受到重量，只是動作比較不靈活而已。

# 真的有外星人嗎？

外星人真的存在嗎？

宇宙裡有數也數不清的星球。我們所居住的地球，也是宇宙裡的其中一個星球。

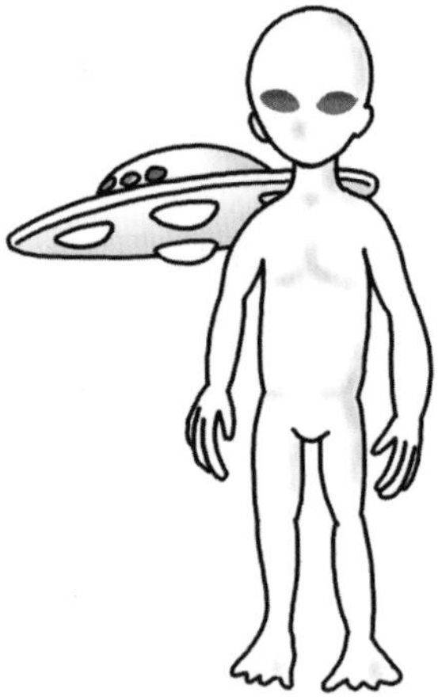

那麼，除了人類所居住的地球之外，是不是也有其他星球上住著外星人呢？

讓我們先來看看跟地球一樣繞著太陽周圍轉動的星球（行星）。

水星和金星因為受到太陽熱度的影響，溫度非常高，也沒有氧氣和水，所以無法住人。

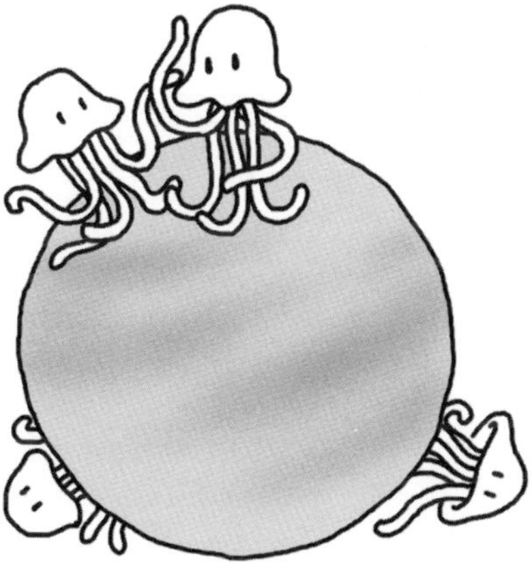

以前大家曾經懷疑火星上住著火星人。不過零下五十度的寒冷氣溫下，也沒有空氣。從地球利用火箭把探測器送到火星上去調查後，也並沒有發現生物。其他像木星或土星等行星，是由氣體所形成的，所以並沒有人居住的地面。

那如果是距離太陽較遠的行星上呢？

科學家曾經利用特別望遠鏡進行觀測等種種調

查。

不過到現在為止，還沒有發現任何有氧氣和水，又不會過熱或過冷，適合生物生活的星球。

這麼看來，外星人是不是並不存在呢？

不，其實還不能確定。因為宇宙是這麼廣大，說不定還有生命在某個地方生存。

科學小傳記

# 諾貝爾（一八三三年～一八九六年）

## 祈願世界和平的化學家

大家知道「諾貝爾獎」這個獎項嗎？

這個獎項每年會頒發給世界上最出色的學者，或是有偉大貢獻的人。

「諾貝爾」是一個人的名字。

設立諾貝爾獎的阿爾弗雷德·伯納德·諾貝爾，

是什麼樣的人呢？

諾貝爾出生在瑞典這個國家。他跟母親還有兩位哥哥一起生活，而父親平常並不在家。

他的父親是一位發明家，他創造了許多東西，然後到世界各國介紹自己的作品，希望獲得大

家的認同。

原本父親的工作並不順利，但是有一天，家裡突然收到了一封信。

「兒子們，爸爸的發明終於在外國獲得認同了！這次可是個大發明喔！」

諾貝爾九歲的時候，全家人終於能夠一起生活。

不過，看到父親的發明之後，諾貝爾非常驚訝。

父親的發明竟然是「炸藥」。

炸藥就是引爆大型炸彈時使用的火藥。

「爸爸，『炸藥』是戰爭時用的東西嗎？」

「這不是為了殺人而用的東西，這是為了避免敵人侵犯自己的國家而準備的。」

聽到這番話，諾貝爾才放下心。

因為父親的發明，讓諾貝爾家變得富裕許多。在這之後，他的弟弟艾米爾也出生了。

不過，當戰爭一結束，頓時沒有人要使用炸藥。這時候，諾貝爾向父親提出了一個建議。

「炸藥能不能用在更有幫助的

地方呢？鋪設道路和鐵路時，或者是開挖隧道，需要炸碎大石頭的時候，可不可能使用炸藥呢？」

於是，諾貝爾在幫忙父親工作時，漸漸開始研究炸藥。當時的炸藥是用「硝化甘油」這種液體所製作的，只要稍微搖晃一下，可能會馬上爆炸。

諾貝爾覺得很擔心，就在某一天——

諾貝爾的工廠真的發生了爆炸事件。

弟弟艾米爾就在工廠裡啊！……艾米爾成為炸藥的犧牲品。

「喔！艾米爾！為了你，我一定要發明出安全的炸藥。」諾貝爾強忍著悲傷，立下了這樣的誓言。

他把自己關在研究室裡，日夜不斷進行著研究。

終於，等到了這一天。

對了！如果把硝化甘油中的水分滲入土壤這類的東西裡，讓它變硬，應該就可以安全的搬運了。這應該行得通！

於是「安全炸藥」終於被發明出來。

安全炸藥跟以往的炸藥相比，不但威力更強，又可以安全搬運。所以受到全世界許多國家和公司的歡迎。

諾貝爾一直努力，想把炸藥用在好的方面，看起來他的心願好像已經實現了。然而……很不幸的，戰爭再次揭幕，無情摧毀了他的夢想。

安全炸藥開始在戰爭中被用做殺人的工具。

「難道我希望世界和平的心願，無法實現嗎？」

諾貝爾受到很深的傷害，直到晚年還是很煩惱。

在他去世之前，寫了這樣的一封信。

「請把我因為發明所賺到的錢，送給每年為了世界和平而奉獻心力的人吧。成立一個獎，把這些金錢當作獎金送給他們吧。」

「諾貝爾獎」就這樣誕生。他把自己未完成的希望寄託在未來。完

—給家長的話—

# 開創自己和地球未來的「生活力」

■日本千葉縣綜合教育中心課程開發部部長
大山光晴

對於擔負社會未來希望的孩子們，我期盼他們都能擁有「生活的力量」。二年級的孩子歷經了一年級的學習階段，興趣想必更加廣泛，同時心中可能也有許多問不出口的疑問。除了學校所學的知識之外，能夠針對自己發現的疑問或者謎題，查閱書籍、進行實驗來求得答案，我認為這就是所謂的「生活力」。

《不可思議！科學故事集2》這本書，是特別為了喜歡抓昆蟲、培養植物，但是不習慣坐在桌前念書的小朋友所編輯的。但是相反的，對於喜歡讀書卻對科學沒什麼興趣的孩子，拿起本書的時候，也絕對可以讀得津津有味。

本書內容配合孩子的成長需求編撰，小從身邊周遭的各種生物、生活環境，擴大到地球和宇宙，進行比前一本《原來如此！科學故事集》更深入詳盡的解說。另外也介紹了兩位重要科學家：諾貝爾獎創始人諾貝爾、最偉大的女化學家居禮夫人。

希望閱讀本書的孩子們，都能體會到靠自己力量堅持求得真相的喜悅，也希望本書能培養孩子開創自己和地球幸福未來的「生活力」。

**監修者簡介**

大山光晴（Ohyama Mitsuharu），東京工業大學碩士。目前擔任千葉縣綜合教育中心課程開發部部長，負責理科教育課程的開發及科學技術教育的指導。經常參與科學實驗教室及電視媒體的實驗節目。日本科學教育學會會員、前日本物理教育學會副會長。歷任高中物理老師、千葉縣立現代產業科學館高級研究員等。

—企劃緣起—

# 成長與學習必備的元氣晨讀

■親子天下執行長
何琦瑜

## 源於日本的晨讀活動

二十年前，大塚笑子是個日本普通高職的體育老師。在她擔任導師時，看到一群在學習中遇到挫折、失去學習動機的高職生，每天在學校散漫度日，快畢業時，才發現自己沒有一技之長。出外求職填履歷表，「興趣」和「專長」欄只能一片空白。許多焦慮的高三畢業生回頭向老師求助，大塚笑子鼓勵他們，可以填寫「閱讀」和「運動」兩項興趣。因為有運動習慣的人，讓人覺得開朗、健康、有毅力；有閱讀習慣的人，就代表有終身學習的能力。

但學生們根本沒有什麼值得記憶的美好閱讀經驗，深怕面試的老闆細問：那你喜歡讀什麼書啊？大塚老師於是決定，在高職班上推動晨讀。概念和做法都很簡單：每天早上十分鐘，持續一週不間斷，讓學生讀自己喜歡的書。

沒想到不間斷的晨讀發揮了神奇的效果：散漫喧鬧的學生安靜了下來，他們上課比以前更容易專心，考試的成績也大幅提升了。這樣的晨讀運動透過大塚老師的熱情，一傳十、十傳百，最後全日本有兩萬五千所學校全面推行。正式統計發現，近十年來日本中小學生平均閱讀的課外書本數逐年增加，各方一致歸功於大塚老師和「晨讀十分鐘」運動。

## 台灣吹起晨讀風

二〇〇七年，天下雜誌出版了《晨讀十分鐘》一書，書中分享了韓國推動晨讀運動的高果效，以及七十八種晨讀推動策略。同一時間，天下雜誌國際閱讀論壇也邀請了大塚老師來台灣演講、分享經驗，獲得極大的迴響。

受到晨讀運動感染的我，一廂情願的想到兒子的小學帶晨讀。選擇素材的過程中，卻發現適合十分鐘閱讀的文本並不好找。面對年紀愈大的少年讀者，好文本的找尋愈加困難。對於剛開始進入晨讀，沒有長篇閱讀習慣的學生，的確需要一些短篇的散文或故事，讓少年讀者每一天閱讀都有盡興的成就感。而且這些短篇文字絕不能像教科書般無聊，也不能總是停留在淺薄的報紙新聞，才能讓這些新手讀者像上癮般養成習慣。

我的晨讀媽媽計畫並沒有成功，但這樣的經驗激發出【晨讀十分鐘】系列的企劃。我們希望用晨讀打破中學早晨窒悶的考試氛圍，讓小學生養成每日定時定量的閱讀，不僅是要讓學習力加分，更重要的是讓心靈茁壯、成長。在學校，晨讀就像在吃「學習的早餐」，為一天的學習熱身醒腦；在家裡，不一定是早晨，任何時段，每天不間斷、固定的家庭閱讀時間，也會為全家累積生命中最豐美的回憶。

**第一個專為晨讀活動設計的系列**

【晨讀十分鐘】系列，希望透過知名的作家、選編人，為少年兒童讀者編選類型多元、有益有趣的好文章。二〇一〇年，我們邀請了學養豐富的「作家老師」張曼娟、廖玉蕙、王文華，推出三個類型的選文主題：成長故事、幽默故事、人物故事集。

我們的想像是，如果學生每天早上都能閱讀某個人的生命故事，或真實或虛構，或成功或低潮，一年之後，他們能得到的養分與智慧，應該遠遠超過寫測驗卷的收穫吧！【晨讀十分鐘】系列，帶著這樣的心願，持續擴張適讀年段和題材的多元性，陸續出版，包括：給小學生晨讀的《科學故事集》、《宇宙故事集》、《動物故事集》、《實驗故事集》、童詩《樹先生跑哪去了》、散文《奇妙的飛行》，給中學生晨讀的《啟蒙人生故事集》和《論情說理說明文選》等。

## 推動晨讀的願景

在日本掀起晨讀奇蹟的大塚老師，在台灣演講時分享：「對我來說，不管學生在哪個人生階段……，我都希望他們可以透過閱讀，讓心靈得到成長，不管遇到什麼情況，都能勇往直前，這就是我的晨讀運動，我的最終理想。」

這也是【晨讀十分鐘】這個系列叢書出版的最終心願。

—專家推薦—

# 晨讀十分鐘，改變孩子的一生

國立中央大學認知神經科學研究所創所所長
洪蘭

古人從經驗中得知「一日之計在於晨」，今人從實驗中得到同樣的結論，人在睡眠的第四個階段會分泌跟學習有關的神經傳導物質，如血清素（serotonin）和正腎上腺素（norepinephrine），當我們一覺睡到自然醒時，這些重要的神經傳導物質已經補充足了，學習的效果就會比較好。也就是說，早晨起來讀書是最有效的。

那麼為什麼只推「十分鐘」呢？因為閱讀是個習慣，不是本能，一個正常的孩子放在正常的環境裡，沒人教他說話，他會說話；一個正常的孩子放在正常的環境，沒人教他識字，他是文盲。對一個還沒有閱讀習慣的人來說，不能一次讀很多，會產生反效果。十分鐘很短，對小學生來說，是一個可以忍受的長度。所以趁孩子剛起床精神好時，讓他讀些有益身心的好書，開啟一天的學習。好的開始是成功的一半，從愉悅的晨間閱讀開始一天的學習之旅，到了晚上在床上親子閱讀，終止這個歷程，如此持之以恆，一定能引領孩子進入閱讀之門。

新加坡前總理李光耀先生看到閱讀的重要性，所以新加坡推〇歲閱讀，孩子一生下來，政府就送兩本布做的書，從小養成他愛讀的習慣。凡是習慣都必須被「養成」，需要持久的重複，晨讀雖然才短短十分鐘，卻可以透過重複做，養成孩子閱讀的習慣。這個習慣一旦養成後，一生受用不盡，因為閱讀是個工具，打開人類知識的門，當孩子從書中尋得他的典範之後，父母就不必擔心了，典範讓人自動去模仿，就像拿到世界麵包冠軍的吳寶春說：「我以世界冠軍為目標，所以現在做事就以世界冠軍為標準。冠軍現在應該在看書，不是看電視；冠軍現在應該在練習，不是睡覺……」當孩子這樣立志時，他的人生已經走上了康莊大道，會成為一個有用的人。

晨讀十分鐘可以改變孩子的一生，讓我們一起來努力推廣。

晨讀10分鐘系列 005

[小學生・低年級] 晨讀10分鐘

# 不可思議！科學故事集❷

監修｜大山光晴（總監修）、吉田義幸（身體）、今泉忠明（動物）、高橋秀男（植物）、岡島秀治（昆蟲）
作者｜渡邊利江（COSMOPIA）等
繪者｜吉村亞希子（封面）、Reiko Hlroi、入澤宣幸、大石容子、中村頓子、西山直樹、 MIKISATO、Verve岩下
中文內容審訂｜廖進德
譯者｜詹慕如

責任編輯｜張文婷
美術設計｜林家蓁

發行人｜殷允芃
創辦人兼執行長｜何琦瑜
總經理｜袁慧芬
副總經理｜林彥傑
總監｜林欣靜
版權專員｜何晨瑋、黃微真

出版者｜親子天下股份有限公司
地址｜台北市104建國北路一段96號4樓
電話｜（02）2509-2800　傳真｜（02）2509-2462
網址｜www.parenting.com.tw
讀者服務專線｜（02）2662-0332　週一～週五：09:00~17:30
讀者服務傳真｜（02）2662-6048
客服信箱｜bill@cw.com.tw
法律顧問｜台英國際商務法律事務所・羅明通律師
製版印刷｜中原造像股份有限公司
總經銷｜大和圖書有限公司　電話：（02）8990-2588

出版日期｜2010年 8 月第一版第一次印行
2020年 9 月第一版第三十二次印行
定　價｜250元
書　號｜BCKCI005P
ISBN｜978-986-241-179-7（平裝）

國家圖書館出版品預行編目資料

小學生晨讀10分鐘：不可思議！科學故事集2／大山光晴監修；COSMOPIA、渡邊利江、入澤宣幸、甲斐 望等作. -- 第一版. -- 臺北市：天下雜誌, 2010.08
192面；14.8 x 21公分. --（晨讀10分鐘系列；5）
ISBN 978-986-241-179-7（平裝）
1.科學　2.通俗作品

307.9　　99014046